どうぶつの足がた

これはどうぶつの 足がたです。
(赤ちゃんではなく、おとなの足がたです。)
自分の 手や足と くらべてみましょう。
指や形は どうなっていますか？
わたしたち人間と にた形はありますか？

カンガルー
(クロカンガルー)
左前足

前足は もみじのような形をしています。

シマウマ
(サバンナシマウマ)
右前足

地面につく ぶぶんは、
かたいひづめに おおわれています。

監修のことば

増井光子(ますい みつこ)

　自然の中には130万種以上も生物がいて、それぞれが子孫を残そうと努力しています。赤ちゃんの状態は動物の種類によっていろいろです。このシリーズでは卵で生まれるペンギンや、水中にくらすイルカ、驚くほど小さくて袋の中で半年もくらすカンガルー、やはり小さな子どもを産むパンダやライオン、長い間お母さんの世話を受けるゴリラ、すぐに親について歩けるシマウマの赤ちゃんを取り上げました。

　厳しい自然の中で親たちは、なんとか赤ちゃんを育てあげようと、危険を避け、獲物狩りにはげみ、遠い道のりをものともせずにエサを運んできます。それこそ体力をふりしぼって子育てにあたるので、子どもが大きくなるころには、すっかりやせて色つやの悪くなってしまう親も少なくありません。

　一方、育ててもらう赤ちゃんのほうも、生き残っていくのは大変です。自然の中には赤ちゃんをねらっているものも少なくないので、仲間のすることをよく見て、何を食べ、何が危険なのか、どのように敵から逃れるのか、などの生きる術を身に付けなければなりません。動物のお母さんは、長い距離を歩いたり、障害物を乗り越えたり、時に赤ちゃんに対して厳しい態度をとることがあります。もっと赤ちゃんに合わせてゆっくり歩いてやったり、手助けしてやればと思ってしまうこともありますが、実はその厳しいと思えることこそが、丈夫な体をつくり、素早い動作がおこなえる基礎となるものなのです。

1937(昭和12)年、大阪生まれ。麻布獣医科大学獣医学部獣医科卒業。獣医学博士。1959年より東京都恩賜上野動物園に勤務し、1985年には日本で初めてのパンダの人工繁殖に成功。1986年にはその育成にも成功する。1990年多摩動物公園園長、1992年上野動物園園長に就任、1996年退職、同年麻布大学獣医学部教授に就任。1999年より、よこはま動物園ズーラシア園長に就任。そのほか、兵庫県立コウノトリの郷公園園長(非常勤)を務めた。2010(平成22)年没。
主な著書に「動物の親は子をどう育てるか」(学研)、「動物が好きだから」(どうぶつ社)、「60歳で夢を見つけた」(紀伊國屋書店)。監修に「NHK生きもの地球紀行(全8巻)」(ポプラ社)「動物たちのいのちの物語」(小学館)、「動物の寿命」(素朴社)などがある。

ちがいがわかる 写真絵本シリーズ

どうぶつの赤ちゃん

増井光子＝監修

ライオン

金の星社

ここは、サバンナとよばれる アフリカの草原地帯です。
たくさんのシマウマや 毛なみの茶色いヌーたちが、
どこまでもつづく大草原で、
せっせと草を食べています。
でも、ここには かれらの肉を食べるどうぶつもいます。
どうぶつの王さまといわれる ライオンです。

ライオンのおかあさんは、

ふだんは　むれのなかまたちと、

見(み)はらしのいいところで　くらしていますが、

赤(あか)ちゃんが生(う)まれそうになると、むれからはなれ、

木(き)や草(くさ)がしげった　安全(あんぜん)な場所(ばしょ)にうつります。

生(う)まれたばかりの赤(あか)ちゃんは、

とても小(ちい)さく、まるで子(こ)ネコのようです。

生(う)まれて２、３日(にち)は目(め)も見(み)えなくて、

３週間(しゅうかん)くらいすぎないと、

ちゃんと歩(ある)くこともできません。

赤ちゃんは、生まれて2か月くらいまでは、

おかあさんのおちちだけで そだちます。

ライオンが いちどにうむ赤ちゃんの数は、2頭から6頭。

でも、おかあさんのちくびは 4つなので、

たくさん生まれたときは、

みんな ほかの子どもより たくさんおちちをのもうと、

ひっしに、ちくびのとりあいをします。

おかあさんが、かりなどで 出かけている間、
赤ちゃんたちは しげみの中で、
おかあさんの帰りを じっとまちます。
どうぶつの王さまといわれる ライオンですが、
小さいうちは、ハイエナなどの ほかのどうぶつに、
おそわれることもあります。
そのため、おかあさんは、
ときどき 赤ちゃんのかくし場所をかえます。
大きな口で、赤ちゃんの首を しっかりくわえ、
新しいかくれがに ひっこしです。

おかあさんは一日(いちにち)になんども、
赤(あか)ちゃんの体(からだ)をなめます。
ライオンのしたは　とてもざらざらしているので、
まるで、体(からだ)にブラシを　かけているみたいです。
どんなに　どろんこで　よごれた赤(あか)ちゃんも、
たちまち　きれいになってしまいます。
なめてもらうと　赤(あか)ちゃんも安心(あんしん)します。
うんちやおしっこも　出(で)やすくなります。

生まれて1か月半くらいになると、
おかあさんは、赤ちゃんをつれて
自分のむれに帰ります。
むれにはふつう、2、3頭のオスと、
6頭くらいのメスが、
その子どもたちといっしょにいます。
兄弟やなかまたちと、おいかけっこや
とっくみあいのあそびをしながら、
えものの　つかまえかたを　おぼえていきます。

むれをまもるのは　おとうさんです。

おかあさんより、ずっと大きくて　どうどうとしています。

りっぱなたてがみが、いかにも強そうです。

むれに近づく　よそもののライオンがいないか、

いつも　ちゅういしています。

むれのメスたちは、みんな 血がつながったしんせきで、
子そだても、きょうりょくしあいます。
なかまの子どもも、自分の子どもと同じように そだてるのです。
おちちを のませてやることもあります。

サバンナの日ざしは強く、とてもあつくなるので、
ライオンたちは あつい昼間は あまりうごきません。
ふつうは、ゆうがたになるまで、
木かげや岩かげの すずしいところで、休んでいます。
木にのぼって、休むこともあります。

かりは、おもに おかあさんのしごとです。
大きなえものは、むれのなかまたちと、力を合わせてつかまえます。
子どもは、生まれて４か月くらいになると、後をついていき、
草のかげから、かりのようすを じっとかんさつします。

おかあさんは　えものを見つけると、あいてに気づかれないように
体をひくくして、そっと近づきます。

じゅうぶんに　そばによってから、一気に走りだします。

おいかけるほうも　にげるほうも、いのちがけです。

とらえたえものは、むれのみんなで
分けあって食べます。
子どもたちも 生まれて3か月くらいから
肉を食べるようになります。
えものは、力の強いオスたちが さいしょに食べ、
つぎにメスたち、さいごが子どもたちです。
子どもたちは、のこった肉を しゃぶるようにして
ひっしになって食べます。
えものが、ぜんぜん つかまらない日もあります。
でも、いちど おなかがいっぱいになると、
2、3日は、なにも食べなくても だいじょうぶです。

1さい近くになると、
子どもたちも　ずいぶん　ライオンらしくなります。

ふだんは、おかあさんのそばをはなれ、
子どもどうしでいることが 多くなります。

1さいをすぎると、おとなたちのかりにも　まぜてもらえるようになります。

なんどもしっぱいしながら、だんだん　じょうずになるのです。

オスの子どもは、2さいくらいになると、

首のまわりに、ふわふわとした　たてがみが生えてきます。

メスは、大きくなっても　むれにのこりますが、
オスの子どもたちは、3さいくらいになると、むれを出ます。
新しい家族を見つけるまで、自分たちだけで
生きていかなければならないのです。

サバンナが 夜のやみに つつまれます。
ライオンのすがたを かくしてくれるので、
夜は 一番 えものをとらえやすい時間です。
きびしい大自然の中を 生きぬいていくために、
ライオンたちは また かりに出かけていきます。

解説 動物の王様とよばれるまで──ライオン

　ライオンはアフリカのサバンナとよばれる草原地帯にすんでいます。肉食動物で、チーターやヒョウと同じくネコ科の仲間です。とても社会性が強く、プライドとよばれる群れをつくってくらしています（カラハリ砂漠地方に生息するライオンなど、一部群れをつくらないものもいます）。

　群れの中のメスたちは、同じくらいの時期に出産します。生まれた子どもがちゃんと歩けるようになる頃に、何頭もの母親がそれぞれ自分の子どもたちを連れて群れに戻ってくるので、群れの中は子どもたちでいっぱいになります。母親たちは、群れの中の子どもには自分の子どもでなくてもお乳を与えます。子どもは、6か月を過ぎる頃には、もうお乳は飲まなくなります。幼い子どもは病気や事故にあうことも多く、たとえ6頭生まれたとしても、その中で2歳をむかえることができるのは、わずか2頭程度です。

　群れの中のライオンたちの間では、よくあいさつ行動がおこなわれます。相手の体に頭をこすりつけ、続いて体全体をすり寄せます。ネコがするしぐさと同じです。この行動を一番よくおこなうのは子どもたちです。仲間であることを認めてもらうための行動と考えられています。

　群れでの狩りは通常メスたちがおこないます。単独で狩りをすると、その成功率は5回に1回くらいですが、仲間同士で協力しあうと、3回に1回くらいは成功することができます。獲物は、体の大きな、力の強いおとなから順に食べていきますが、獲物が大きいときは、子どもたちもおとなたちと並んで一緒に食べることができます。狩りをして得た獲物だけでなく、死んでいた動物の肉を食べたり、ハイエナが仕留めた獲物を横取りして食べることもよくあります。

　成長して群れを出たオスは、何頭かで連れ立って別の群れを乗っ取ろうとします。群れのオスたちと争って、これを追い出し、その群れに入りこみます。うまく群れを獲得することができても、今度は自分たちが、つねによそのオスからの挑戦を受けることになります。自分たちの群れを守るために、群れの中のオスたちは、協力しあってよそのオスと争いますが、2～3年くらいで群れを乗っ取られて入れ替わっていきます。

　堂々とした姿で、ゆうゆうとサバンナを歩きまわるライオンたちですが、厳しい試練を乗り越えることができたライオンだけが、動物の王様とよばれる、強くて立派なおとなになれるのです。

ちがいがわかる 写真絵本シリーズ

どうぶつの赤ちゃん

シリーズ全7巻

増井光子＝監修　小学校低学年〜中学年向き

動物の赤ちゃんの成長と、きびしい自然の中で生きる親子の絆を美しい写真で紹介。わかりやすい文章で、いろいろな動物の成長過程が学べ、シリーズを通して育ち方のちがいをくらべることができます。
貴重な動物の足がた（実物大）も掲載。

ライオン	動物の王様といわれているライオンの、か弱い子ども時代から、たくましく育っていくまでの過程を知り、肉食動物の成長についても学習します。
シマウマ	シマウマの子どもが、生後おどろくほど短い時間で立ち上がったり、走りまわれるようになるなど、草食動物にそなわった優れた能力について学習します。
パンダ	単独で生活する中で、パンダの母親と子どもが密接に結びついていることや、タケを食べるために適応した特殊な体のしくみについて学習します。
ゴリラ	森の住人ゴリラの森と調和した穏やかなくらしや、群れにおけるルールを知り、サルの中でも人間に近いゴリラの成長の様子を学習します。
カンガルー	母親のおなかにある袋で育つカンガルーの誕生直後の未熟な様子や、ふしぎな成長の過程を知り、袋で子育てをする有袋類の特殊な生態について学習します。
イルカ	海でくらすほ乳類としてタイセイヨウマダライルカを取り上げ、イルカのもつ優れた能力や、環境に適応する動物の力について学習します。
ペンギン	卵から生まれ育つ鳥類としてコウテイペンギンを取り上げ、きびしい環境で母親と父親が協力しておこなう子育ての様子や、ひなの成長について学習します。

【編集スタッフ】
編集/ネイチャー・プロ編集室
（月本由紀子・三谷英生・富田園子）
写真/ネイチャー・プロダクション
（立松光好/飯島正広/岡本ひと志/坂本昇久/
Anup Shah/Ferrero-Labat）
文/菊地悦子
図版協力/多摩動物公園・恩賜上野動物園・
浜松市動物園・釧路市動物園・長崎ペンギン水族館
協力/よこはま動物園ズーラシア
装丁・デザイン/丹羽朋子

ちがいがわかる 写真絵本シリーズ どうぶつの赤ちゃん
ライオン

初版発行　2004年2月　　第15刷発行　2017年4月
監修────増井光子
発行所────株式会社　金の星社
　　　　　〒111-0056　東京都台東区小島1-4-3
　　　　　TEL 03-3861-1861（代表）　FAX 03-3861-1507
　　　　　振替 00100-0-64678
　　　　　ホームページ　http://www.kinnohoshi.co.jp
印刷────株式会社　廣済堂
製本────株式会社　福島製本印刷

NDC489　32ページ　26.6cm　ISBN978-4-323-04101-8
■乱丁落丁本は、ご面倒ですが小社販売部宛ご送付下さい。送料小社負担にてお取替えいたします。
©Nature Editors, 2004　Published by KIN-NO-HOSHI SHA, Tokyo, Japan.

ライオン
右前足(みぎまえあし)

やわらかい 肉(にく)のふくらみ（肉球(にくきゅう)）が あるため、音(おと)をたてずに えものに 近(ちか)づくことが できます。

ペンギン
（コウテイペンギン）
右足(みぎあし)

およぐときに むきをかえる やくわりもあります。